FORSCHUNGSBERICHT DES LANDES NORDRHEIN-WESTFALEN

Nr. 2545/Fachgruppe Chemie

Herausgegeben im Auftrage des Ministerpräsidenten Heinz Kühn
vom Minister für Wissenschaft und Forschung Johannes Rau

Prof. Dr. -Ing. Franz Fehér
Institut für Anorganische Chemie
der Universität zu Köln

Kernresonanzspektroskopische Untersuchungen auf dem Gebiet der präparativen Chemie höherer Silane

Westdeutscher Verlag 1976

ISBN 978-3-531-02545-2   ISBN 978-3-322-88087-1 (eBook)
DOI 10.1007/978-3-322-88087-1

Inhalt

Noch vor wenigen Jahren wäre eine umfassende Betrachtung der
Kernresonanzspektren höherer Silane nicht möglich gewesen, weil
ein großer Teil der Silane, über deren Kernresonanzspektren
hier berichtet werden soll, noch nicht bekannt war. Seither
konnten sowohl die Synthese höherer Silane als auch die
Methoden zu ihrer kernresonanzspektroskopischen Untersuchung in
wechselseitiger Beziehung zueinander bis zum heutigen Stand
weiterentwickelt werden. Diese enge Verbundenheit der kernresonanzspektroskopischen und präparativen Methoden bedingt,
daß im folgenden vor einer eingehenden Untersuchung der Kernresonanzspektren auf präparative Verfahren zur Darstellung
höherer Silane eingegangen werden muß.

A) Einleitung

Als wir, aufbauend auf den grundlegenden Arbeiten STOCKs, deren
letzte aus dem Jahre 1923 stammt (1), mit der Erforschung der
Chemie höherer Silane im Jahre 1951 begannen, stellte sich das
Problem, zunächst einmal eine für analytische und präparative
Arbeiten ausreichende Menge dieser Substanzen herzustellen.
Für erste orientierende Untersuchungen über die Eigenschaften
höherer Silane genügten damals einige 100 ml "Rohsilan"-Gemisch
(2). In der Folgezeit ist unser Bedarf an höheren Silanen wegen
breiter angelegten Arbeiten über ihre physikalisch-chemischen
und präparativen Eigenschaften ständig gewachsen und erforderte
deshalb eine immer weitergehende Verfeinerung der Darstellungs-
reaktion des Magnesiumsilicids mit Säuren und eine stetige
Vergrößerung der Apparaturen. Aufgrund dieser Entwicklungen,
auf die nicht näher eingegangen werden kann, verfügen wir heute
über eine größere Menge "Rohsilan" (3), aus dem wir eine Anzahl

höherer Silane destillativ bzw. präparativ-gaschromatographisch
abtrennen konnten. Über Darstellung und Trennung dieser Gemische soll im Abschnitt B) dieser Zusammenfassung berichtet
werden.

Nicht alle Silane können auf diesem Wege gewonnen werden.
Einige isomere Silane, darunter das neo-Pentasilan, entstehen
bei der Reaktion von Magnesiumsilicid mit Säuren nicht, sind
also im "Rohsilan" nicht enthalten. Hier gelang es uns inzwischen, neue Syntheseverfahren zu entwickeln, die, von den
in unserem "Rohsilan" am meisten vorhandenen Silanen, Trisilan und n-Tetrasilan, ausgehend, die Darstellung eines
großen Teiles dieser noch fehlenden Silanisomeren ermöglichen.

Dabei ist zu unterscheiden zwischen Verfahren, in denen durch
Disproportionierung höhere Silane entstehen, die Gesamtzahl
der Si-Si- und Si-H-Bindungen sich jedoch nicht ändert I), und
solchen, in denen, z.B. durch WURTZsche Synthese, neue Si-Si-
bzw. Si-H-Bindungen gebildet werden II).

I)   Zur ersten Gruppe zählen die Pyrolyse (4), die basenkata-
     lysierte Polykondensation (5) und die Photolyse (6) von
     höheren Silanen. Alle drei Reaktionen wurden von uns einer-
     seits im Hinblick auf die Möglichkeit der Synthese neuer
     Silane, andererseits aber auch zur Klärung von Reaktions-
     mechanismen eingehend untersucht. Da im Falle der Pyrolyse
     und der basenkatalysierten Polykondensation sehr kompli-
     zierte Gemische höherer Silane erhalten wurden, die eine
     besonders aufwendige Trennung erforderten, erscheint die
     zumindest in den ersten Reaktionsstufen sehr selektiv ab-
     laufende Photolyse höherer Silane vom Standpunkt der prä-
     parativen Synthese aus besonders interessant.

II) Aus der zweiten Gruppe von Reaktionen sollen unsere Unter-
     suchungen zur Synthese höherer Silane aus solchen klei-
     nerer Kettenlänge durch Reaktion mit Quecksilber-di-t-Butyl
     (7) sowie die Darstellung höherer Silylanionen und deren
     Umsetzung zu höheren Silanen (5,17,18) behandelt werden.

III) Unabhängig vom Vorhandensein größerer Silanvorräte lassen
     sich höhere Silane auch aus Phenylhalogenderivaten des
     Monosilans in mehreren Reaktionsstufen aufbauen. Ent-
     sprechende Verbindungen des Disilans wurden von uns bereits
     früher dargestellt (24). In letzter Zeit untersuchten wir
     parallel zu Arbeiten von HENGGE et al. (8) auf diesem
     Wege die Synthese und Eigenschaften des Cyclopentasilans.

Bei allen hier angeführten Untersuchungen war neben anderen
molekülspektroskopischen Methoden die Kernresonanzspektroskopie
das wesentliche Hilfsmittel zur Identifizierung und Struktur-
bestimmung der erhaltenen Silane und Silanderivate. Über
unsere inzwischen begonnene molekültheoretische Auswertung
auch der ^{29}Si-Spektren höherer Silane soll hier noch nicht
berichtet werden.

B) Isolierung höherer Silane durch Destillation und
   gaschromatographische Trennung von "Rohsilan"(3)

Wie bereits einleitend erwähnt, hatten wir durch die Reaktion
von Magnesiumsilicid mit Phosphorsäure in einer 50 1-Apparatur
(9) in zwei Arbeitsgängen aus insgesamt 155 kg Magnesiumsilicid,
das nach einem eigens entwickelten Verfahren aus Silicium und
Magnesium unter Argonatmosphäre erschmolzen wurde (10), 3902,8g
(entsprechend ca. 5 1) eines Gemisches höherer Silane ("Rohsilan") erhalten. Auf die Kondensation von Mono- und Disilan
hatten wir dabei aus kühltechnischen Gründen verzichtet. Das
erhaltene Gemisch wies nach gaschromatographischer Analyse
folgende Zusammensetzung auf:

Tab. 1

Zusammensetzung des "Rohsilans"(9)

Silane	SiH_4	Si_2H_6	Si_3H_8	Si_4H_{10}	Si_5H_{12}
%	0,1	5,5	34,8	29,5	18,4
g	3,9	214	1340	1150	717

Silane	Si_6H_{14}	Si_7H_{16}	Si_8H_{18}	höhere Silane
%	8,3	2,2	0,4	ca. 0,6
g	324	85,6	15,6	ca. 23,4

Wenn auch mit Hilfe eines "775-Prepmaster"-Gaschromatographen
der Firma Hewlett-Packard, F&M, bereits ein kleiner Teil dieses
Gemisches aufgetrennt werden konnte, erschien uns dieses Ver-
fahren für die Verarbeitung der vorhandenen größeren Menge an
"Rohsilan" zu zeitraubend und wegen des relativ hohen Anteils
an Zersetzungsprodukten auch zu wenig rationell.
Wir entwickelten deshalb ein Destillationsverfahren, das es er-
laubte, in kurzer Zeit, ca. 20 Stunden pro Ansatz, bis zu 700 ml
"Rohsilan" bei Normaldruck und in weiteren ca. 20 Stunden bei
einem Druck von etwa 100 Torr zu fraktionieren.
Wie aus Abb. 1 und 2 ersichtlich, bestand die dabei verwendete
Destillationsapparatur im wesentlichen aus der Destillationsblase (1 l) mit eingeschmolzenem Steigrohr und Siedekapillare,
einer angeschmolzenen Kolonne 1000 x 25 mm, die mit V4A-Draht-
geflecht-Füllkörpern gefüllt war und in ihrem unteren und
oberen Bereich getrennt beheizt werden konnte, einem Kolonnenkopf mit elektromagnetisch geregeltem Dampfteiler und einem
System aus drei getrennt zuzuschaltenden Vorlagen. Die weiterhin
abgebildeten Glasrohr- und Schlauchleitungen, Pumpen, Manometer
und Puffervolumen dienten zur Erzeugung des gewünschten Druckes
und ermöglichten, alle notwendigen Arbeiten unter Inertgas-
atmosphäre vorzunehmen.

Zur Durchführung einer Destillation wurde zunächst das "Rohsilan" aus einer "Silan-Transportfalle", einem zylindrischen,
starkwandigen Glasgefäß mit Anschlüssen für Inertgas und einem
eingeschmolzenen Steigrohr, in die Destillationsblase überge-
drückt. Nach Beheizen der Kolonne auf ca. 45°C wurde dann bei
760 Torr und 53°C im Kolonnenkopf das Trisilan in die Vorlage 1
destilliert. Bei höherer Kolonnenbeheizung folgte darauf
Fraktion 2 im Temperaturbereich von 101°C bis 108°C. Aus dem
verbliebenen Sumpf wurde dann bei 108°C ein großer Teil des
n-Tetrasilans in die Vorlage 3 (Fraktion 3) destilliert.

Zur weiteren Trennung des Gemisches wurden die angefallenen
gesammelten Sümpfe einer Vakuumdestillation bei 100 Torr
unterworfen.

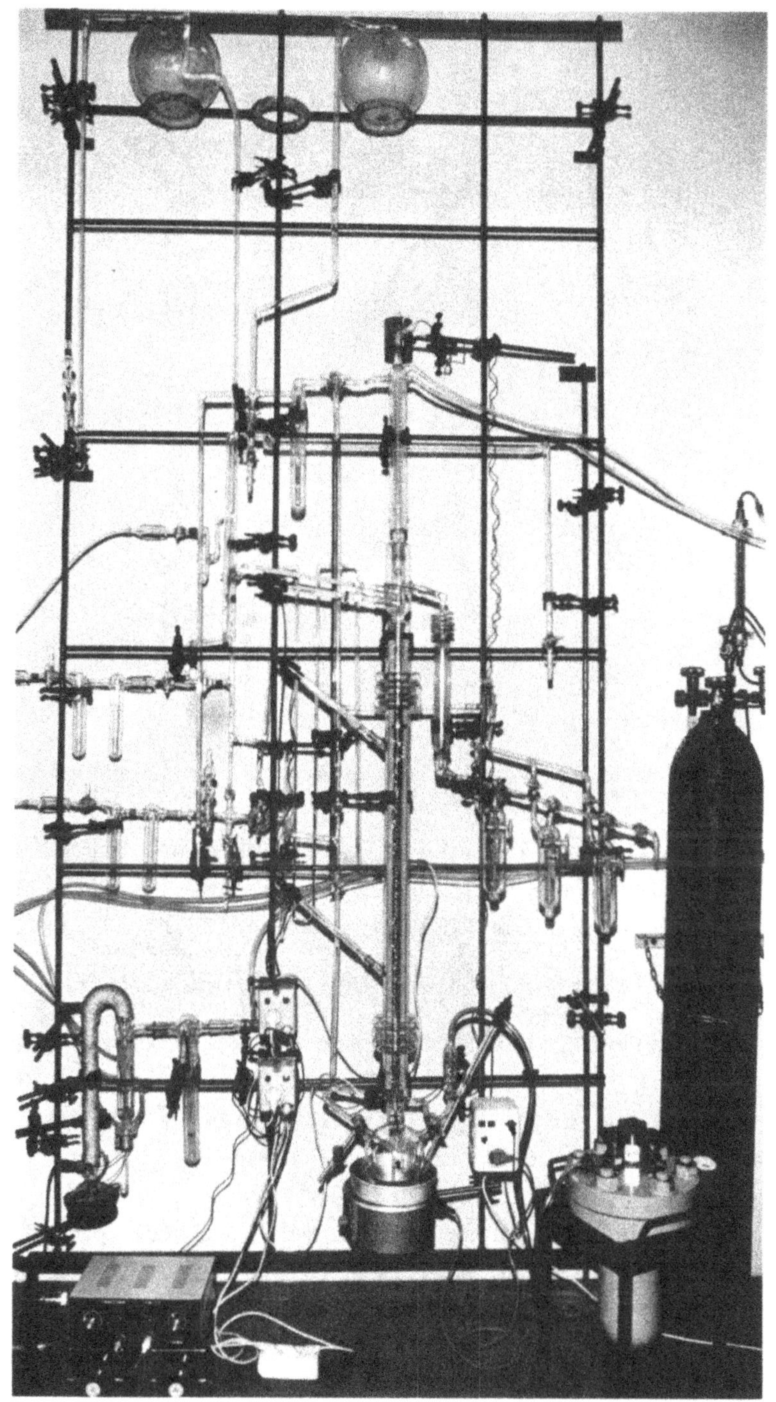

Abb. 1 Destillationsapparatur zur Trennung von "Rohsilan"-
        Gemisch; im Vordergrund rechts ist anstelle der sonst
        verwendeten "Silan-Transportfalle" aus Glas ein
        Stahl-Aufbewahrungsgefäß für Silane mit der Destil-
        lationsblase verbunden.

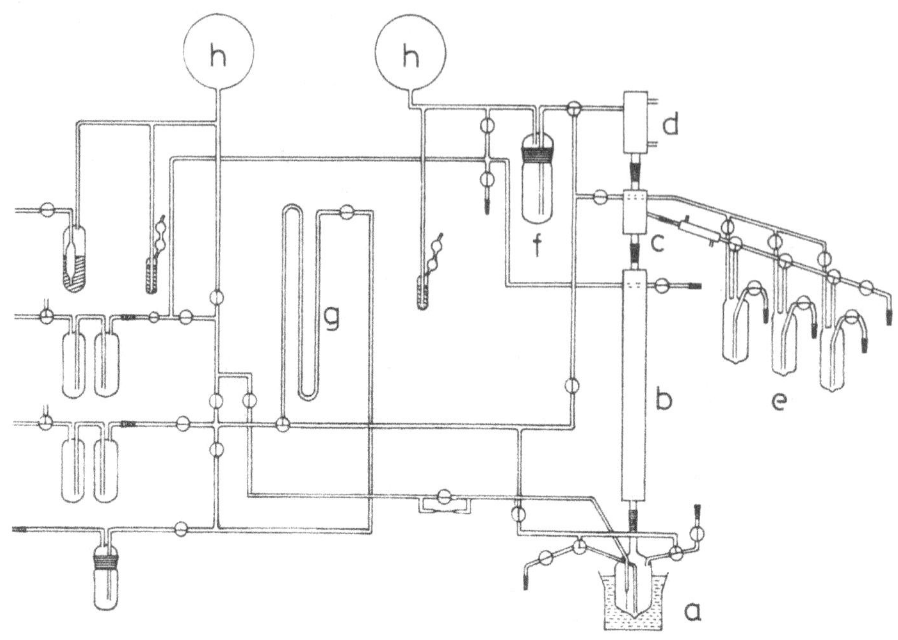

Abb. 2 Aufbau der Destillationsapparatur zur Trennung von
        "Rohsilangemisch"
        a) Destillationsblase b) beheizbare Füllkörperkolonne
        c) Kolonnenkopf d) Kühler e) Vorlagen f) Kühlfalle zur
        Kondensation von Disilan g) Manometer h) Puffervolumen

Dabei ging zu Beginn bei 50°C der Rest an n-Tetrasilan in die
Vorlage 1 über (Vak.Frak. 1), bei 90°C konnte dann ein Gemisch
aus i-Pentasilan und n-Pentasilan (Vak.Frak. 2) und schließlich
reines n-Pentasilan (Vak.Frak. 3) abdestilliert werden.

Insgesamt wurden auf diesem Wege in mehreren solchen Destil-
lationen bisher 1500 ml "Rohsilan" in die oben angegebenen
Fraktionen zerlegt, deren Zusammensetzung in Tab. 2 aufge-
führt ist.

Tab. 2

Destillation des "Rohsilans"

		Si_2H_6	Si_3H_8	$i\text{-}Si_4H_{10}$	$n\text{-}Si_4H_{10}$	$i\text{-}Si_5H_{12}$	$n\text{-}Si_5H_{12}$	höhere Silane
	ml	ml	ml	ml	ml	ml	ml	ml
Fraktion 1	465	17,7	447,3	-	-	-	-	-
Fraktion 2	110	1,7	43,1	14,1	51,1	-	-	-
Fraktion 3	255	7,1	5,9	3,8	238,2	-	-	-
Vak.Frak.1	130	-	0,1	0,1	129,8	-	-	-
Vak.Frak.2	190	-	-	-	0,2	41,4	148,4	-
Vak.Frak.3	21	0,1	0,2	-	0,1	-	20,6	-
Gasfalle	100	66,6	33,4	-	-	-	-	-
Sumpf	229	-	-	-	-	-	18,8	210,2
Summe	1500	93,2	530,0	18,0	419,4	41,4	187,8	210,2
%		6,2	35,2	1,2	28,0	2,8	12,5	14,0

Die Trennung isomerer Silane war dabei nicht beabsichtigt und
konnte aufgrund der Auslegung der Füllkörperkolonne mit einer
theoretischen Bodenzahl von etwa 50 auch nicht erwartet werden.
Stattdessen wurden i-Tetrasilan und i-Pentasilan aus Fraktion 2
und Vak.Frak. 2, s. Tab. 2, sowie alle im Destillationssumpf
enthaltenen höheren Silane gaschromatographisch bis zu Rein-
heiten von 99,96 % isoliert. Die von den so erhaltenen höheren
Silanen Trisilan, i-Tetrasilan, n-Tetrasilan, 2-Silyl-Tetrasilan,
n-Pentasilan, 3-Silyl-Pentasilan, n-Hexasilan und n-Heptasilan

$$SiH_3\text{-}SiH_2\text{-}SiH_3 \qquad SiH_3\text{-}\underset{\underset{SiH_3}{|}}{Si}H\text{-}SiH_3 \qquad SiH_3\text{-}SiH_2\text{-}SiH_2\text{-}SiH_3$$

$$SiH_3\text{-}\underset{\underset{SiH_3}{|}}{Si}H\text{-}SiH_2\text{-}SiH_3 \qquad SiH_3\text{-}SiH_2\text{-}SiH_2\text{-}SiH_2\text{-}SiH_3$$

$$SiH_3\text{-}SiH_2\text{-}\underset{\underset{SiH_3}{|}}{Si}H\text{-}SiH_2\text{-}SiH_3 \qquad SiH_3\text{-}SiH_2\text{-}SiH_2\text{-}SiH_2\text{-}SiH_2\text{-}SiH_3$$

$$SiH_3\text{-}SiH_2\text{-}SiH_2\text{-}SiH_2\text{-}SiH_2\text{-}SiH_2\text{-}SiH_3$$

aufgenommenen Protonenresonanzspektren sind zum Teil in den
Abbildungen 3 bis 8 zusammengestellt.

Die Spektren wurden bei 90 MHz mit internem Standard TMS und
Benzol, sonst jedoch unverdünnt, mit einem Kernresonanzspektro-
meter vom Typ KIS 2 der Fa.Spectro-Spin AG, Zürich, gemessen.

Die Zuordnung der kernresonanzspektroskopischen Signale der
Protonen zu bestimmten Strukturelementen der Silane erfolgte
nach den aus der Untersuchung der Kohlenwasserstoffe her be-
kannten Regeln. Dementsprechend zeigte z.B. das neo-Pentasilan
$Si(SiH_3)_4$, das nur Wasserstoffkerne in gleicher chemischer Umgebung enthält, ein Singulett bei 3,48 ppm, bezogen auf TMS
(siehe Abb. 24).
Beim i-Tetrasilan $SiH(SiH_3)_3$ befinden sich die neun Wasserstoffkerne der SiH_3-Gruppen bzw. das eine Proton der Si-H-Gruppe in
verschiedener Umgebung und absorbieren deshalb bei zwei ver-
schiedenen Frequenzen, die SiH_3-Gruppen bei 3,42 ppm und die
Si-H-Gruppe bei 2,88 ppm (siehe Abb. 3).

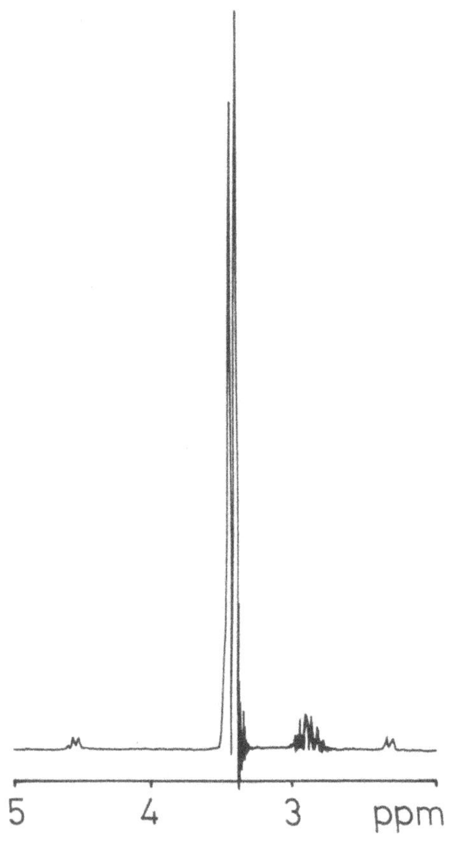

Abb. 3 ^{1}H-Kernresonanzspektrum von i-Tetrasilan

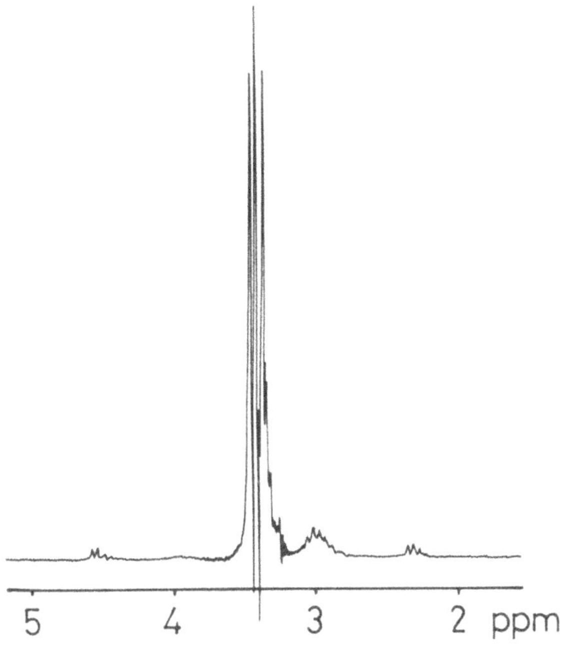

Abb. 4 ^{1}H-Kernresonanzspektrum von i-Pentasilan

Außerdem erscheint die Absorption der SiH$_3$-Gruppen infolge der
Wechselwirkung mit den Protonen der Si-H-Gruppe, die zu einer
Aufspaltung in zwei Energieniveaus führt, als Dublett, die
Absorption der Si-H-Gruppe im Feld der neun Wasserstoffkerne
der SiH$_3$-Gruppen in erster Näherung als Dezett, von dem jedoch
nur sieben Linien beobachtet werden können. Die Kopplungs-
konstante beträgt hier 3,7 Hz. Auf gleiche Weise können die
Signale anderer Silane in erster Näherung zugeordnet werden.

Dies ist aber nicht mehr möglich, wenn der Unterschied der
chemischen Verschiebung verschiedener Signale in der Größen-
ordnung der Kopplungskonstanten, ca. 3,7 bis 4 Hz, liegt.
In diesem Fall findet man, wie z. B. bei n-Pentasilan, Abb. 5,
ein wenig charakteristisch aufgespaltenes "Gebirge" von
Signalen, in denen sich nur durch Vergleich mit einfacher
zu analysierenden Spektren bzw. durch Hinzunahme der ^{29}Si-
Absorption einzelne Signale näherungsweise zuordnen lassen.

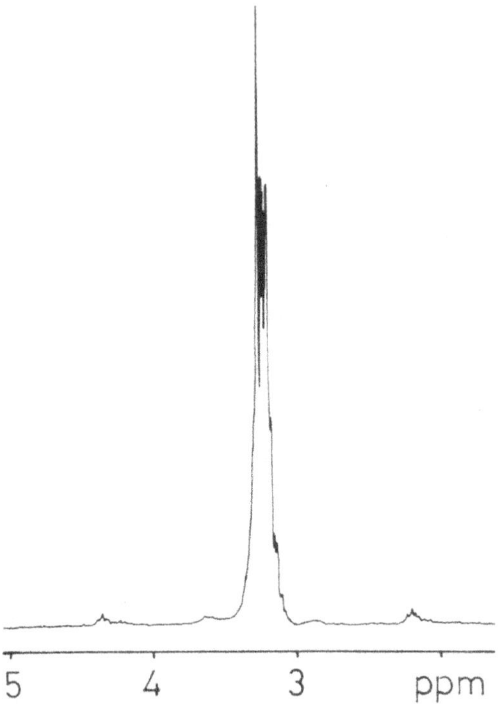

Abb. 5 ^{1}H-Kernresonanzspektrum von n-Pentasilan

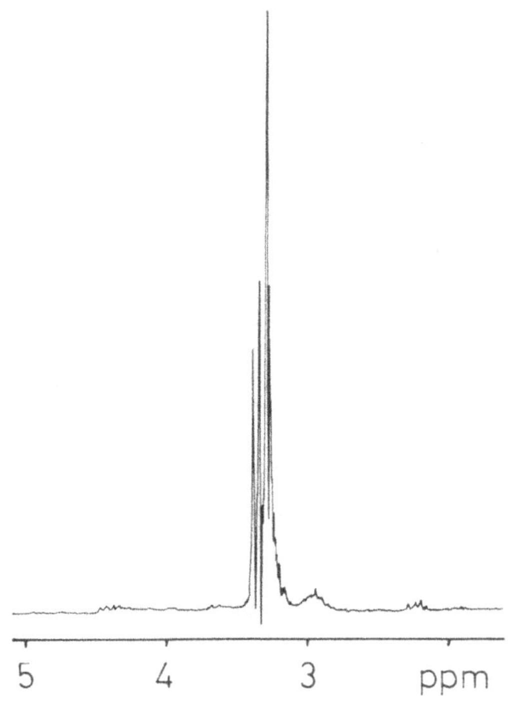

Abb. 6 ^{1}H-Kernresonanzspektrum von 3-Silylpentasilan
aus "Rohsilan"

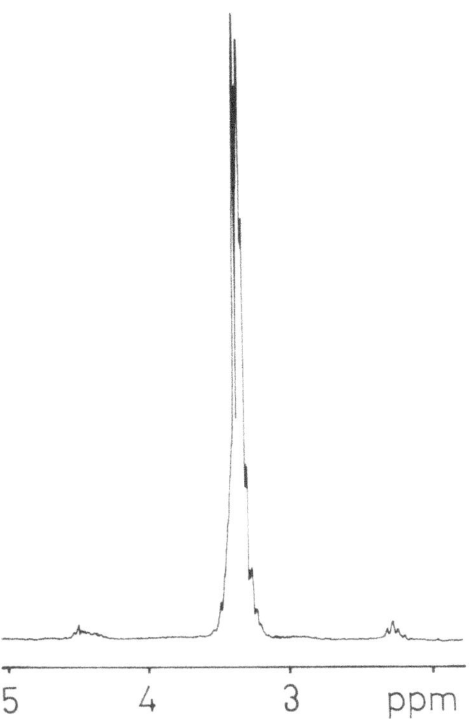

Abb. 7 [1]H-Kernresonanzspektrum von n-Hexasilan

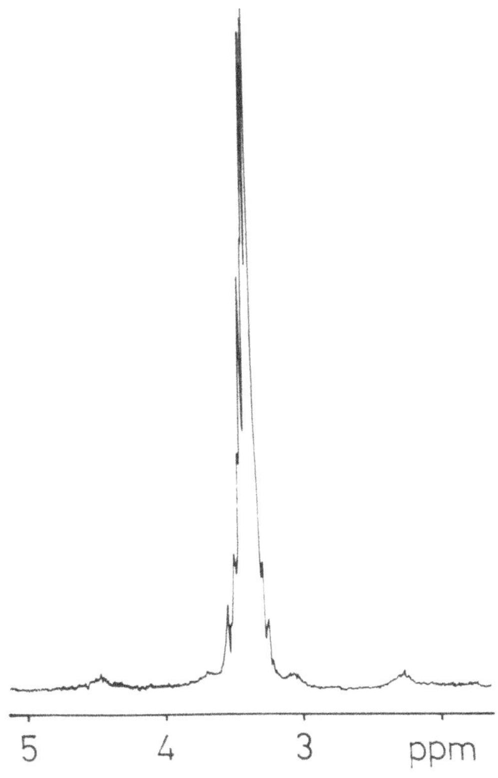

Abb. 8 [1]H-Kernresonanzspektrum von n-Heptasilan

Als weiteres Merkmal der Protonenresonanzspektren höherer
Silane ist die Kopplung der Protonen mit dem in natürlichem
Silicium zu 4,70 % enthaltenen ^{29}Si, das ebenfalls einen
Kernspin von 1/2 besitzt, zu erwähnen, die mit einer dem
geringen Anteil an ^{29}Si entsprechenden kleinen Intensität
jede Linie eines Spektrums noch einmal als ein Dublett mit
einer Kopplungskonstante von annähernd 200 Hz erscheinen läßt.

Die gemessenen und wie oben beschrieben zugeordneten Werte
der chemischen Verschiebungen und Aufspaltungsmuster der erwähnten Silane sind in Tabelle 3 nochmals zusammengestellt.

Tab. 3

Zusammenstellung der Werte aus den
Kernresonanzspektren

Silan	$Si\underline{H}_3\text{-}SiH_2\text{-}$	$Si\underline{H}_3\text{-}SiH{=}$	$-SiH_2-$	$SiH{\equiv}$
2-Silyl- Trisilan (i-Tetrasilan)		Dublett 3,42 ppm		Dezett 2,88 ppm
n-Tetrasilan	Multiplett 3,37 ppm		Multiplett 3,27 ppm	
2-Silyl- Tetrasilan (i-Pentasilan)	Multiplett 3,36 ppm	Dublett 3,43 ppm		Multiplett 2,97 ppm
n-Pentasilan	Multiplett 3,36 ppm			
3-Silyl- Pentasilan	Multiplett 3,37 ppm	Dublett 3,44 ppm		Multiplett 3,02 ppm
n-Hexasilan	Multiplett 3,39 ppm			
n-Heptasilan	Multiplett 3,38 ppm			

Die vicinalen Kopplungskonstanten betragen 3,7 bis 4,0 Hz.

Wie spätere Untersuchungen ergaben (5), ist es bei den von
uns verwendeten Säulen nicht möglich, das 2-Silyl-Pentasilan
und das 3-Silyl-Pentasilan gaschromatographisch zu unterscheiden. Beide Silane konnten aber inzwischen gezielt dar-

gestellt werden (6,7) und stimmen danach in Kernresonanzspektren und physikalischen Daten weitgehend überein.

Ein Vergleich der Raman-Spektren des gezielt dargestellten
2-Silyl-Pentasilans bzw. 3-Silyl-Pentasilans mit dem aus
"Rohsilan" gewonnenen i-Hexasilan zeigt, daß dieses bei einer
geringen Verunreinigung durch 2-Silyl-Pentasilan überwiegend
das 3-Silyl-Pentasilan enthält (4). Dies sollte bei der
Betrachtung der Daten berücksichtigt werden.

Die hier angeführten Silane wurden zur weiteren Charakterisierung und zur Erfassung aller für spätere chemische Umsetzungen wichtigen Daten gleichzeitig einer ausgedehnten
Untersuchung ihrer physikalischen Eigenschaften unterzogen,
deren Ergebnisse aus den Tabellen 4 und 5 ersichtlich sind
(3,11,12).

Tab. 4

Verbindung	Fp	Kp	Verdampfungs-wärme	Konstanten der Dampfdruckgleichung	
	^{o}C	^{o}C	cal/Mol	A	B
2-Silyl-Trisilan	- 99,4	101,7	7482	7,7996	1831,6
2-Silyl-Tetrasilan	-109,8	146,2	9723	7,9715	2125,8
n-Pentasilan	- 72,8	153,2	9967	8,2298	2270,3
3-Silyl- * Pentasilan	- 78,4	185,2	11136	8,2983	2477,0
n-Hexasilan	- 44,7	193,6	11376	8,3180	2530,3
n-Heptasilan	- 30,1	226,8	12454	8,4452	2774,9

*verunreinigt mit 2-Silyl-Pentasilan

Tab. 5

Verbindung	Dichte g/cm^3	Brechungs-index	Viskosität cP	Oberflächen-spannung dyn/cm
Trisilan	0,739	1,4978	0,318	18,7
2-Silyl-Trisilan	0,792	1,5451	0,395	19,1
n-Tetrasilan	0,795	1,5477	0,438	20,9
2-Silyl-Tetrasilan	0,820	1,5711	0,522	21,1
n-Pentasilan	0,827	1,5733	0,589	22,4
3-Silyl-Pentasilan *	0,840	1,5880	0,689	22,8
n-Hexasilan	0,847	1,5902	0,775	23,4
n-Heptasilan	0,859	1,6004	-	24,2

*verunreinigt mit 2-Silyl-Pentasilan

Als eine weitere Methode der Identifizierung und Charakteri-
sierung von Silanen hat neben der gaschromatographischen
Analyse, der Raman- und IR-Spektroskopie die Massenspektros-
kopie besondere Bedeutung, da sie außer einer Bestimmung des
Molekulargewichts auch durch Analyse des Zerfallsmusters
Rückschlüsse auf die Molekülstruktur zuläßt.

C) Experimentelle Durchführung präparativer
   Untersuchungen

Die Selbstentzündlichkeit an Luft und die Feuchtigkeitsempfind-
lichkeit der Silane und einiger ihrer Derivate machen eine
spezielle Arbeitstechnik notwendig, die trotz vollständigen
Luftausschlusses gleichzeitig doch zügiges Arbeiten ermöglichen
muß. Ein Beispiel der von uns verwendeten Apparaturen mit
Hochvakuum-, Wasserstrahlvakuum- und Stickstoff bzw. Helium-
anschluß zeigt die Abbildung 10.

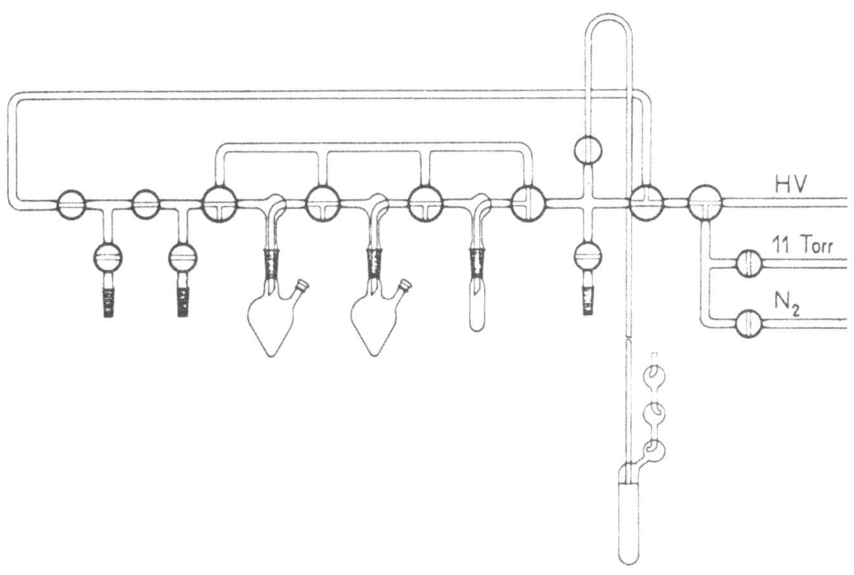

Abb. 10   Beispiel einer Hochvakuumapparatur zur Durchführung
          von Versuchen unter Inertgas

Die Apparatur besteht aus einem Glasrohrsystem mit insgesamt
6 Normschliffkernen, die Anschlußmöglichkeiten für Kolben, wie
abgebildet, für Schlauchverbindungen zu weiteren Versuchsauf-
bauten oder für andere jeweils erforderliche Hilfsmittel bieten.
Mit einer Reihe von Zwei- oder Dreiwegeschliffhähnen kann jeder
dieser Anschlüsse einzeln zugeschaltet werden und durch Eva-
kuieren und Begasen mit Stickstoff bzw. Helium vollständig
von Sauerstoff befreit werden.

Während feste Substanzen in der Regel vor Anschluß eines Kolbens an die Apparatur in diesen eingefüllt werden, können flüssige Substanzen sehr bequem und sicher und unter völligem Luftausschluß mit Hilfe einer speziell entwickelten Spritzen- und Durchstichkappentechnik (14,15) in den bereits angeschlossenen und sauerstofffrei gespülten Kolben überführt werden.
Die dazu erforderlichen Durchstichkappenansätze an jedem Kolben sind ebenfalls in Abbildung 10 eingezeichnet. Es ist so sehr einfach und gefahrlos möglich, Reaktionen mit selbstentzündlichen Substanzen durchzuführen.
Darüberhinaus ist eine solche Hochvakuumapparatur hervorragend geeignet, Trennungen durch fraktionierte Kondensation im Hochvakuum vorzunehmen.
Im einfachsten Fall können so z. B. gleich im Anschluß an eine Reaktion flüchtige und weniger flüchtige Substanzen, z. B. Lösungsmittel und Feststoffe, aber auch Monosilan, Disilan und Trisilan (Siedepunkte: $-112,1^{o}C$, $-14,8^{o}C$, bzw. $52,9^{o}C$) voneinander getrennt werden.

D)   Synthese höherer Silane durch Photolyse (6)

Eine Untersuchung der Ultraviolettspektren höherer Silane zeigte, daß diese, abgesehen von Disilan und Trisilan, bei einer mit wachsender Kettenlänge zunehmenden bathochromen Verschiebung oberhalb von 200 nm Absorptionsmaxima besitzen (5). Dies zeigen die Abbildungen 11 und 12.

Wir fanden, daß die absorbierte Energie eine Disproportionierung des eingesetzten Silans, das meist in einem Alkan gelöst in einem Quarzkolben vorgelegt wurde, verursacht. Da auch die Reaktionsprodukte , Silane größerer und kleinerer Kettenlänge, ihrerseits der photolytischen Disproportionierung unterliegen, beobachteten wir nach genügend langer Bestrahlungsdauer auch die Bildung von Monosilan und Polysilen mit einer je nach eingesetztem Silan und Reaktionsdauer im Bereich zwischen $(SiH)_x$ und $(SiH_2)_x$ liegenden Zusammensetzung.
Unterbrachen wir dagegen die Photolyse nach kurzer Zeit oder entfernten wir durch eine geeignete Reaktionsführung (16) die zuerst gebildeten Produkte fortwährend aus der Bestrahlungszone,

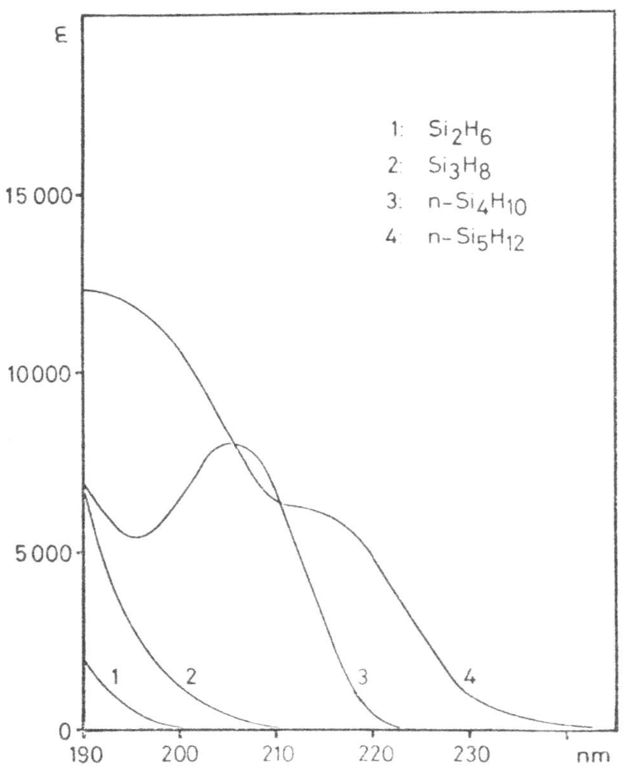

Abb. 11 Ultraviolett-Spektren von geradkettigen Silanen

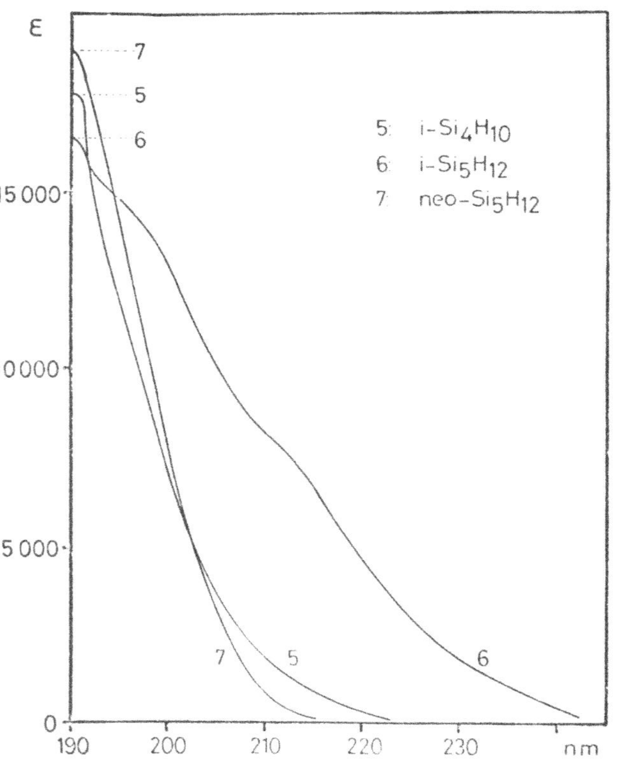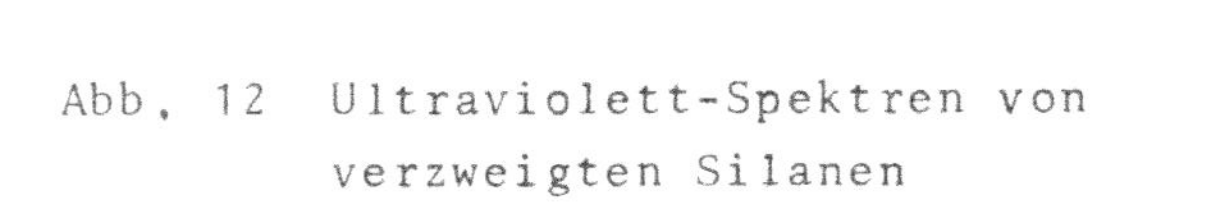

Abb. 12 Ultraviolett-Spektren von verzweigten Silanen

dann konnten wir die in den ersten Reaktionsschritten gebildeten Produkte anreichern und gaschromatographisch isolieren.
Bei der Photolyse des n-Tetrasilans zu 3-Silyl-Pentasilan verwendeten wir dazu die in Abbildung 13 gezeigte Apparatur, be-
stehend aus einem Glaskolben mit Magnetrührstab, einer Vigreux-
Kolonne aus Quarz, einem Intensivkühler und einem Quecksilber-
überdruckventil. In dem Glaskolben wurde vorgelegtes n-Tetrasilan
zum Sieden erhitzt und bei starkem Rückfluß in der Vigreux-
Kolonne der UV-Bestrahlung mit einer Quecksilberhochdrucklampe
ausgesetzt. Das dabei entstandene 3-Silyl-Pentasilan lief zu-
sammen mit dem nicht umgesetzten n-Tetrasilan in den Kolben
zurück und reicherte sich dort an, da es wegen seines geringeren
Dampfdruckes nicht in nennenswerter Menge verdampfte und so der
weiteren Bestrahlung entzogen war.

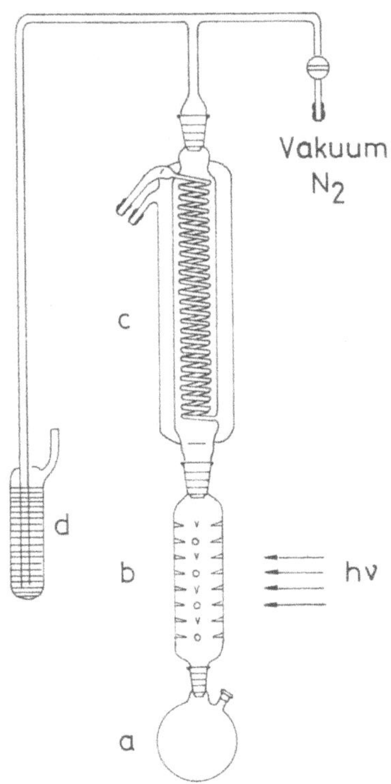

Abb. 13   Apparatur zur Anreicherung von 3-Silyl-Pentasilan
          bei der Photolyse von n-Tetrasilan
          a) Glaskolben b) Quarz-Vigreux-Kolonne
          c) Intensivkühler d) Quecksilberüberdruckventil

Während diese spezielle Anreicherungsmethode bisher nur bei der
Photolyse des n-Tetrasilans angewendet wurde, konnten die bei
der Bestrahlung von n-Pentasilan, i-Pentasilan bzw. n-Hexasilan
gebildeten Produkte durch rechtzeitigen Abbruch der Photolysen
gewonnen werden. Sämtliche auf diesen Wegen erhaltenen und
gaschromatographisch abgetrennten neuen Silane und die zu
ihrer Darstellung verwendeten Silane sind im folgenden zusammengestellt.

Ausgangssilane	Produkte
n-Tetrasilan	3-Silyl-Pentasilan
n-Pentasilan	3-Silyl-Hexasilan
	4-Silyl-Heptasilan
n-Hexasilan	2-Silyl-Hexasilan
	3-Silyl-Heptasilan
i-Pentasilan	3,3-Di-Silyl-Pentasilan
	2,3,3-Tri-Silyl-Pentasilan

$$SiH_3-SiH_2-\underset{\underset{\displaystyle SiH_3}{|}}{SiH}-SiH_2-SiH_3$$

$$SiH_3-SiH_2-\underset{\underset{\displaystyle SiH_3}{|}}{SiH}-SiH_2-SiH_2-SiH_3$$

$$SiH_3-SiH_2-SiH_2-\underset{\underset{\displaystyle SiH_3}{|}}{SiH}-SiH_2-SiH_2-SiH_3$$

$$SiH_3-\underset{\underset{\displaystyle SiH_3}{|}}{SiH}-SiH_2-SiH_2-SiH_2-SiH_3$$

$$SiH_3-SiH_2-\underset{\underset{\displaystyle SiH_3}{|}}{SiH}-SiH_2-SiH_2-SiH_2-SiH_3$$

$$SiH_3-SiH_2-\underset{\underset{\displaystyle SiH_3}{|}}{\overset{\overset{\displaystyle SiH_3}{|}}{Si}}-SiH_2-SiH_3$$

$$SiH_3-\underset{\underset{\displaystyle SiH_3}{|}}{\overset{\overset{\displaystyle SiH_3}{|}}{SiH}}-\overset{\overset{\displaystyle SiH_3}{|}}{Si}-SiH_2-SiH_3$$

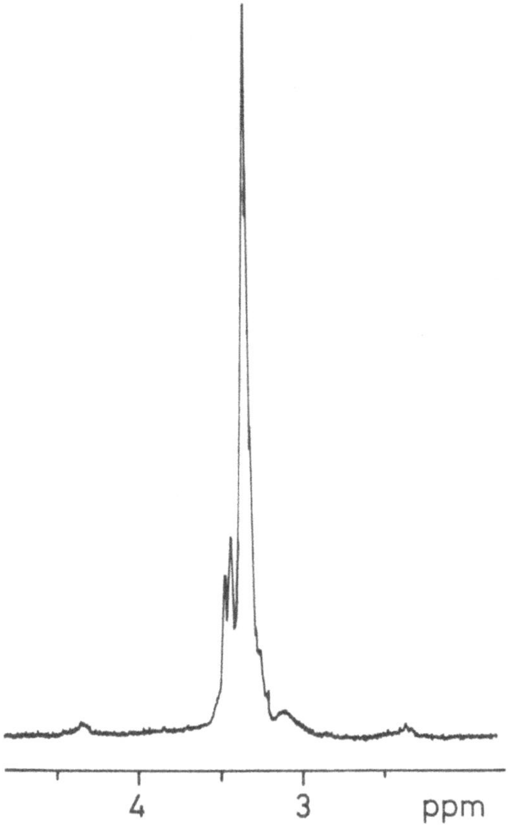

Abb. 14   [1]H-Kernresonanzspektrum
von 3-Silyl-Pentasilan

Alle Substanzen wurden gaschromatographisch, kernresonanzspektroskopisch, massenspektroskopisch und ramanspektroskopisch
identifiziert und charakterisiert. Die Abbildungen 14, 15 und
16 zeigen die Protonenresonanzspektren des 3-Silyl-Pentasilans,
des 3,3-Di-Silyl-Pentasilans und des 2,3,3-Tri-Silyl-Penta-
silans. Die kernresonanzspektroskopischen Daten aller hier
synthetisierten Silane sind, soweit sie eindeutig zuzuordnen
waren, in Tabelle 7 zusammengefaßt.

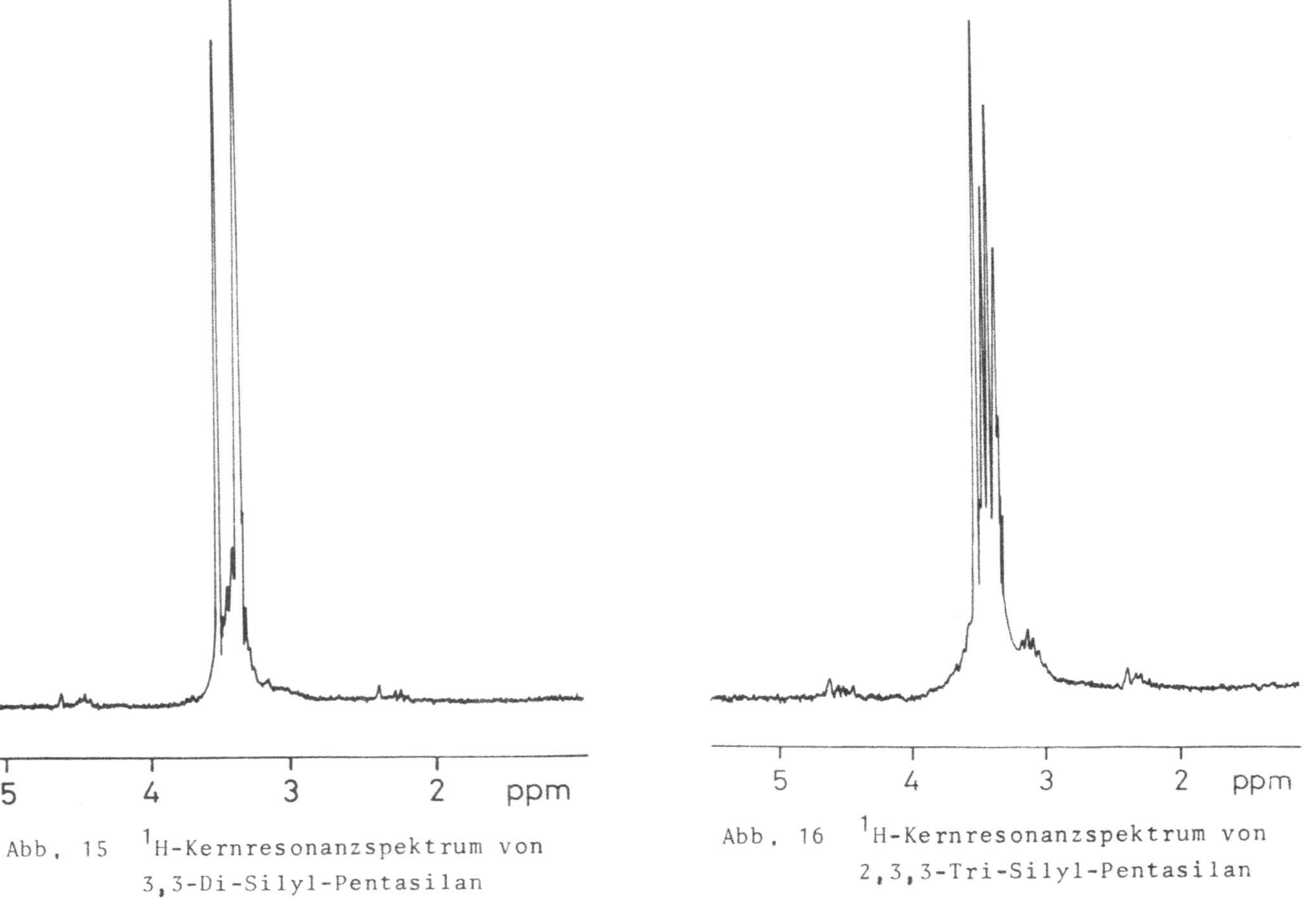

Abb. 15 ^{1}H-Kernresonanzspektrum von 3,3-Di-Silyl-Pentasilan

Abb. 16 ^{1}H-Kernresonanzspektrum von 2,3,3-Tri-Silyl-Pentasilan

Tab. 7

Zusammenstellung der Werte aus den
Kernresonanzspektren

| Silan | $Si\underline{H}_3-SiH_2-$ | $SiH_3-SiH=$ | $Si\underline{H}\equiv$ |
| | | $SiH_3-Si\equiv$ | |
	ppm	ppm	ppm
3-Silyl-Pentasilan	Multiplett 3,34	Dublett 3,44	Multiplett 3,00
3-Silyl-Hexasilan	Multiplett 3,34	Dublett 3,44	Multiplett 3,03
4-Silyl-Heptasilan	Multiplett 3,36	Dublett 3,47	Multiplett 3,09
2- Silyl-Hexasilan	Multiplett 3,34	Dublett 3,44	Multiplett 3,05
3-Silyl-Heptasilan	Multiplett 3,35	Dublett 3,47	Multiplett 3,16
3,3-Di-Silyl-Pentasilan	Multiplett 3,37	Singulett 3,51	
2,3,3-Tri-Silyl-Pentasilan	Multiplett 3,38	Singulett 3,52 Dublett 3,45	Multiplett 3,14

Die vicinalen Kopplungskonstanten betragen 3,7 bis 4,0 Hz.

E)   Synthese höherer Silane durch Umsetzungen
     mit Di-t-Butyl-Quecksilber (7)

Di-t-Butyl-Quecksilber reagiert mit höheren Silanen ($>Si_2H_6$)
unter Bildung von i-Butan, Quecksilber und einem oder mehreren
isomeren höheren Silanen, die man sich, ohne auf den Reaktions-
mechanismus näher einzugehen, als Dimerisierungsprodukt des
eingesetzten Silans unter Wasserstoffübertragung auf den
i-Butylrest vorstellen kann. Ähnlich reagieren, wie wir kürz-
lich fanden, auch Di-t-Butyl-Zink und Dimethyl-Cadmium.

Ein Beispiel sei die Reaktion von Trisilan mit Di-t-Butyl-
Quecksilber:

$$2\ Si_3H_8\ +\ Hg(C_4H_9)_2\ \longrightarrow\ Hg\ +\ 2\ i\text{-}C_4H_{10}\ +\ Si_6H_{14}$$

Das gefundene Hexasilangemisch enthält dabei genau die drei
Hexasilanisomere, n-Hexasilan, 2-Silyl-Pentasilan und 2,3-Di-
Silyl-Tetrasilan, die man sich durch eine Zusammenlagerung
zweier Trisilanmoleküle entstanden denken kann.

$$SiH_3\!-\!SiH \,\vdots\, SiH\!-\!SiH_3 \qquad\qquad SiH_3\!-\!SiH \,\vdots\, SiH_2\!-\!SiH_2\!-\!SiH_3$$
$$\underset{SiH_3}{|}\quad\underset{SiH_3}{|}\qquad\qquad\qquad\underset{SiH_3}{|}$$

$$SiH_3\text{-}SiH_2\text{-}SiH_2 \,\vdots\, SiH_2\text{-}SiH_2\text{-}SiH_3$$

Bei Einsatz von Monosilan und Disilan beobachteten wir zwar
auch eine i-Butanentwicklung, nicht aber die Bildung von
Quecksilber und Disilan bzw. n-Tetrasilan. Die Reaktion blieb
hier auf einer Zwischenstufe, einer gelbgefärbten Lösung,
stehen. Erst nach längerer Zeit fielen polymere, quecksilber-
haltige Produkte aus, die wir bisher noch nicht identifizieren
konnten.

Da auch bei der oben erwähnten Reaktion der höheren Silane
zwischenzeitlich eine gelbe Färbung des Reaktionsgemisches
auftrat, die mit zunehmender Quecksilberausscheidung ver-
schwand, nehmen wir an, daß die Umsetzung in zwei Stufen
verläuft:

$$2\ Si_3H_8\ +\ Hg(C_4H_9)_2\ \longrightarrow\ 2\ i\text{-}C_4H_{10}\ +\ Hg(Si_3H_7)_2$$

$$Hg(Si_3H_7)_2\ \longrightarrow\ Hg\ +\ Si_6H_{14}$$

Die zweite Stufe läßt sich durch UV-Licht beschleunigen.
Insgesamt wurden so die folgenden neuen Silane dargestellt,
gaschromatographisch isoliert und kernresonanzspektroskopisch,
massenspektroskopisch und ramanspektroskopisch identifiziert:

Ausgangssilane	Produkte
Trisilan	2-Silyl-Pentasilan
	2,3-Di-Silyl-Tetrasilan
Trisilan/ n-Tetrasilan	2,3-Di-Silyl-Pentasilan
n-Tetrasilan	3,4-Di-Silyl-Hexasilan
i-Tetrasilan	2,2,3,3-Tetra-Silyl-Tetrasilan

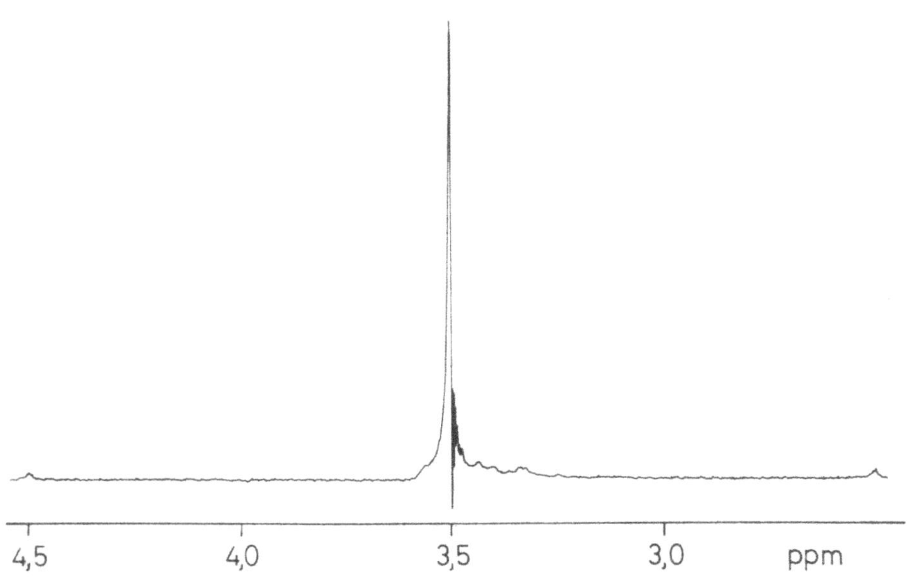

Abb. 17 [1]H-Kernresonanzspektrum von 2,2,3,3-Tetra-Silyl-Tetrasilan

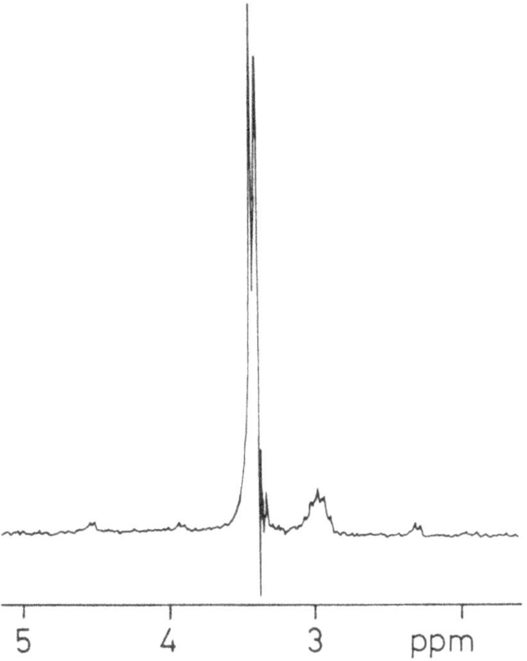

Abb. 18 [1]H-Kernresonanzspektrum von 2,3-Di-Silyl-Tetrasilan

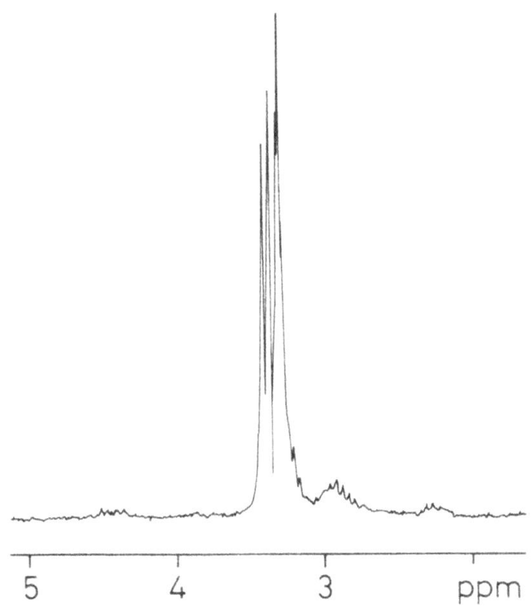

Abb. 19 [1]H-Kernresonanzspektrum von 2-Silyl-Pentasilan

Die Kernresonanzspektren sind in Tabelle 8 zusammengefaßt und
die des 2,2,3,3-Tetra-Silyl-Tetrasilans, des 2,3-Di-Silyl-
Tetrasilans und des 2-Silyl-Pentasilans in den Abbildungen 17,
18 und 19 abgebildet.

Tab. 8

Zusammenstellung der Werte aus den
Kernresonanzspektren

Silan	SiH_3-SiH_2-	SiH_3-SiH= SiH_3-Si≡	SiH≡
	ppm	ppm	ppm
2-Silyl-Pentasilan	Multiplett 3,32	Dublett 3,42	Multiplett 2,94
2,3-Di-Silyl-Tetrasilan		Dublett 3,42	Heptett 2,98
2,3-Di-Silyl-Pentasilan	Multiplett 3,34	Dublett 3,44	Multiplett 3,07
3,4-Di-Silyl-Hexasilan	Multiplett 3,35	Dublett 3,44	Multiplett 3,13
2,2,3,3-Tetra-Silyl-Tetrasilan		Singulett 3,51	

Die vicinalen Kopplungskonstanten betragen 3,7 bis 4,0 Hz.

Besonders interessant ist, daß sich das 3,4-Di-Silyl-Hexasilan
ohne äußere Einwirkung nach einiger Zeit in das 2,2,3,3-Tetra-
Silyl-Tetrasilan umwandelte. Dies ist die erste beobachtete
Isomerisierung eines Silans.
Auch diese ließ sich kernresonanzspektroskopisch nachweisen und
verfolgen. Abbildung 20 zeigt das Protonenresonanzspektrum einer
zuvor gaschromatographisch abgetrennten Probe von 3,4-Di-Silyl-
Hexasilan (Dublett 3,44 ppm, Multiplett 3,35 ppm, Multiplett
3,13 ppm), die sich bereits zu einem Teil zu 2,2,3,3-Tetra-
Silyl-Tetrasilan (Singulett 3,51 ppm) umgelagert hat. Ein
gleichzeitig aufgenommenes Gaschromatogramm bewies ebenfalls
diese Umlagerung.

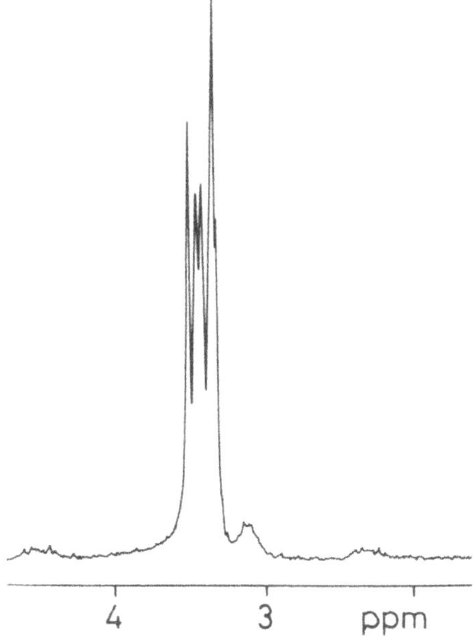

Abb. 20 ^{1}H-Kernresonanzspektrum von 3,4-Di-Silyl-Hexasilan
(Dublett 3,44 ppm, Multiplett 3,35 ppm, Multiplett
3,13 ppm), das sich zu einem Teil zu 2,2,3,3-Tetra-
Silyl-Tetrasilan (Singulett 3,51 ppm) umgelagert hat

Reaktionen ähnlichen Types sind aus der Chemie der Alkane her
seit langem bekannt; sie verlaufen aber im Unterschied zur
Isomerisierung des hier erwähnten Silans nur unter Einwirkung
eines Katalysators, meist Aluminiumchlorid. Als Beispiele
seien die Reaktion des n-Pentans zu neo-Pentan und des
n-Hexans zu 2-Methyl-Pentan angeführt (23).

$$CH_3-CH_2-CH_2-CH_2-CH_3 \xrightarrow{AlCl_3} CH_3-\underset{\underset{CH_3}{|}}{\overset{\overset{CH_3}{|}}{C}}-CH_3$$

$$CH_3-CH_2-CH_2-CH_2-CH_2-CH_3 \xrightarrow{AlCl_3} CH_3-\underset{\underset{CH_3}{|}}{CH}-CH_2-CH_2-CH_3$$

Angeregt durch die oben erwähnte erstmals beobachtete spontane
Isomerisierung eines Silans werden wir auch die Isomerisierungen
anderer Silane, auch unter Einfluß von Katalysatoren, demnächst
besonders eingehend untersuchen.

F) Synthese höherer Silane über höhere Silylanionen
    (5,17,18)

Während das Kaliummonosilyl schon längere Zeit bekannt ist (19),
konnten wir die Alkalimetallderivate höherer Silane erst vor
einiger Zeit synthetisieren. Bei der Reaktion von Kaliummonosilyl mit Disilan oder Trisilan in Dimethoxyäthan entstanden
neben Monosilan gelb oder rot gefärbte Lösungen, in denen wir
Gemische der Verbindungen Kaliummonosilyl, Kaliumdisilyl,
Kaliumtrisilyl und Kalium-i-Tetrasilyl kernresonanzspektroskopisch nachweisen konnten; siehe hierzu Abbildung 21.

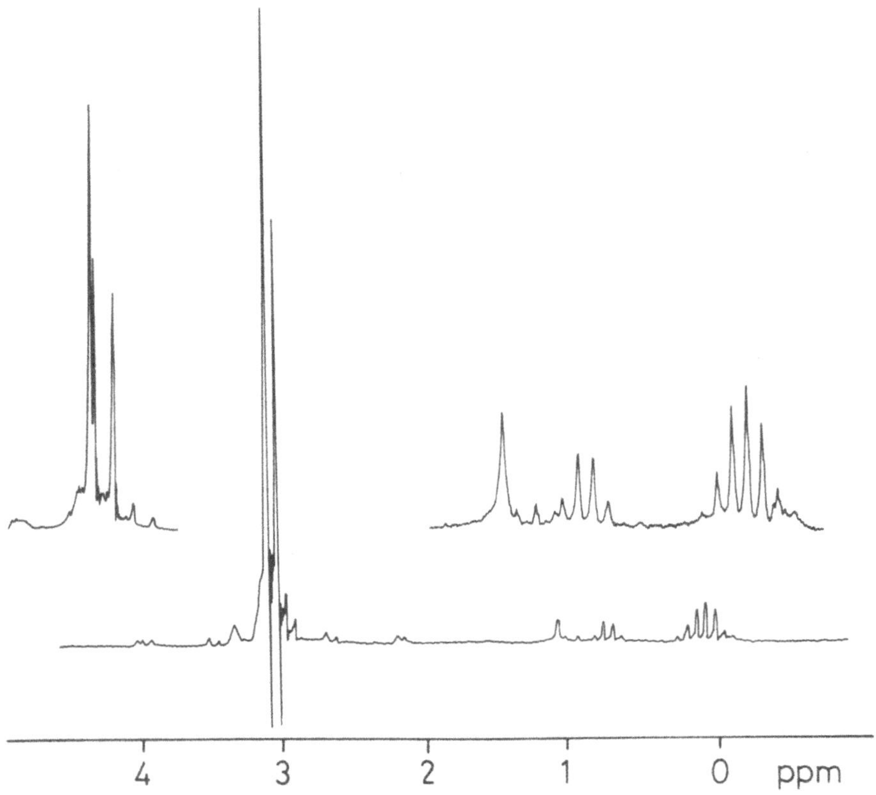

Abb. 21 ^{1}H-Kernresonanzspektrum eines Gemisches von Kalium-
         monosilyl (Singulett 1,07 ppm), Kaliumdisilyl (Quar-
         tett 0,73 ppm; Triplett 2,95 ppm), Kaliumtrisilyl
         (Heptett 0,07 ppm; Dublett 3,04 ppm) und Kalium-i-
         Tetrasilyl (Singulett 3,08 ppm) in Decadeutero-1,2-
         Dimethoxyäthan; Standard: Benzol

Dabei war die Zusammensetzung der Gemische nur vom Verhältnis
der eingesetzten Reaktionspartner abhängig, d. h., durch Umsetzung von Kaliummonosilyl mit Trisilan konnte je nach Mengen-
verhältnis Kaliumdisilyl oder aber Kalium-i-Tetrasilyl als
Hauptprodukt erhalten werden. Insgesamt wurden bisher folgende
Kaliumsilyle nachgewiesen:

Kaliummonosilyl	Singulett 1,07 ppm
$KSiH_3$	
Kaliumdisilyl	Quartett 0,73 ppm
KSi_2H_5	Triplett 2,95 ppm
	J = 5,7 Hz
Kaliumtrisilyl	Heptett 0,07 ppm
$KSiH(SiH_3)_2$	Dublett 3,04 ppm
	J = 5,7 Hz
Kalium-i-Tetrasilyl	Singulett 3,08 ppm
$KSi(SiH_3)_3$	
Kalium-i-Pentasilyl	nachgewiesen durch
$KSi(SiH_3)_2Si_2H_5$	Folgereaktionen

Nach Reaktion mit Phenylchlorsilan erhielten wir daraus:

Phenyldisilan
1-Phenyl-Trisilan
1-Phenyl-i-Tetrasilan
Phenyl-neo-Pentasilan und
1-Phenyl-neo-Hexasilan

$$C_6H_5\text{-}SiH_2\text{-}SiH_3 \qquad\qquad C_6H_5\text{-}SiH_2\text{-}SiH_2\text{-}SiH_3$$

$$C_6H_5\text{-}SiH_2\text{-}\underset{\underset{\displaystyle SiH_3}{|}}{\overset{\overset{\displaystyle SiH_3}{|}}{SiH}} \qquad\qquad C_6H_5\text{-}SiH_2\text{-}\underset{\underset{\displaystyle SiH_3}{|}}{\overset{\overset{\displaystyle SiH_3}{|}}{Si}}\text{--}SiH_3$$

$$C_6H_5\text{-}SiH_2\text{-}\underset{\underset{\displaystyle SiH_3}{|}}{\overset{\overset{\displaystyle SiH_3}{|}}{Si}}\text{--}SiH_2\text{-}SiH_3$$

Diese Phenylsilane wurden präparativ-gaschromatographisch getrennt.

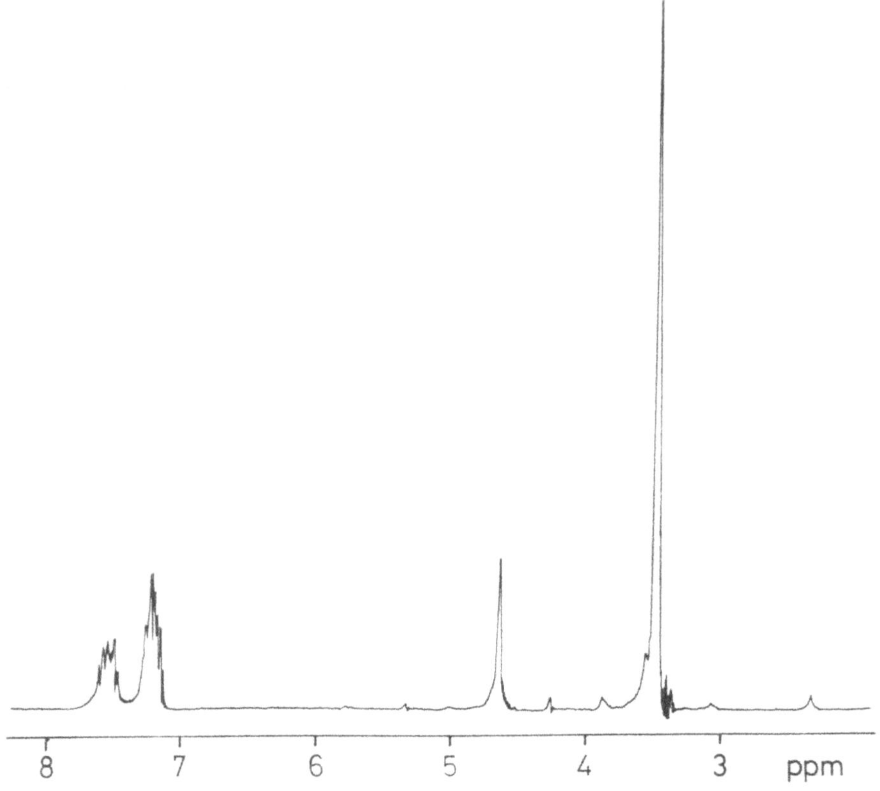

Abb. 22 ^{1}H-Kernresonanzspektrum von Phenyl-neo-Pentasilan

Da bekannt war, daß Phenylsilane mit flüssigem Bromwasserstoff
bei - 80°C zu Benzol und den entsprechenden Bromsilanen
reagieren (20), synthetisierten wir auf diese Weise:

1-Brom-i-Tetrasilan

Brom-neo-Pentasilan und

1-Brom-neo-Hexasilan

$$Br-SiH_2-\underset{\underset{SiH_3}{|}}{\overset{\overset{SiH_3}{|}}{SiH}} \qquad Br-SiH_2-\underset{\underset{SiH_3}{|}}{\overset{\overset{SiH_3}{|}}{Si}}-SiH_3 \qquad Br-SiH_2-\underset{\underset{SiH_3}{|}}{\overset{\overset{SiH_3}{|}}{Si}}-SiH_2-SiH_3$$

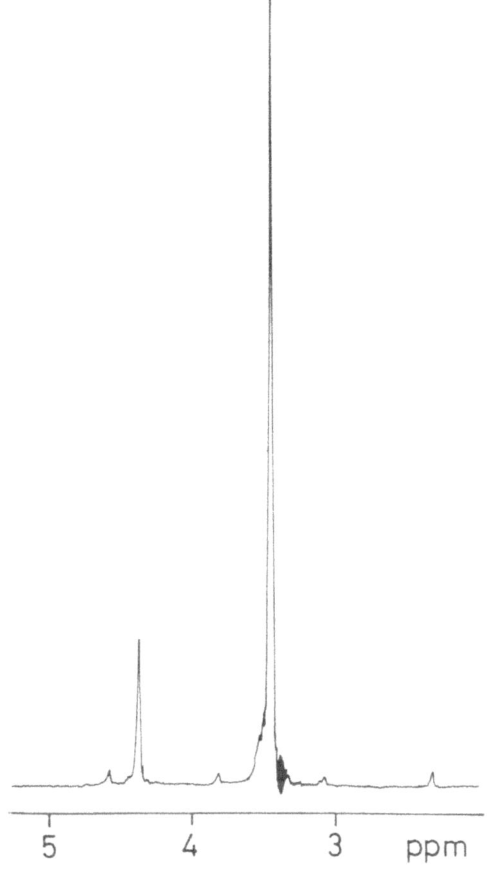

Abb. 23 ^{1}H-Kernresonanzspektrum von Brom-neo-Pentasilan

Mit Hilfe eines 1:1-Gemisches von Aluminiumdiisobutylhydrid
und Diäthyläther, das in stöchiometrischer Menge den Bromsilanen zugegeben wurde, konnten wir in vollständiger Ausbeute

neo-Pentasilan und
neo-Hexasilan

$$
\begin{array}{cc}
\quad\ SiH_3 & \quad\ SiH_3 \\
\quad\ | & \quad\ | \\
SiH_3\!-\!Si\!-\!SiH_3 & SiH_3\!-\!Si\!-\!SiH_2\!-\!SiH_3 \\
\quad\ | & \quad\ | \\
\quad\ SiH_3 & \quad\ SiH_3
\end{array}
$$

gewinnen.

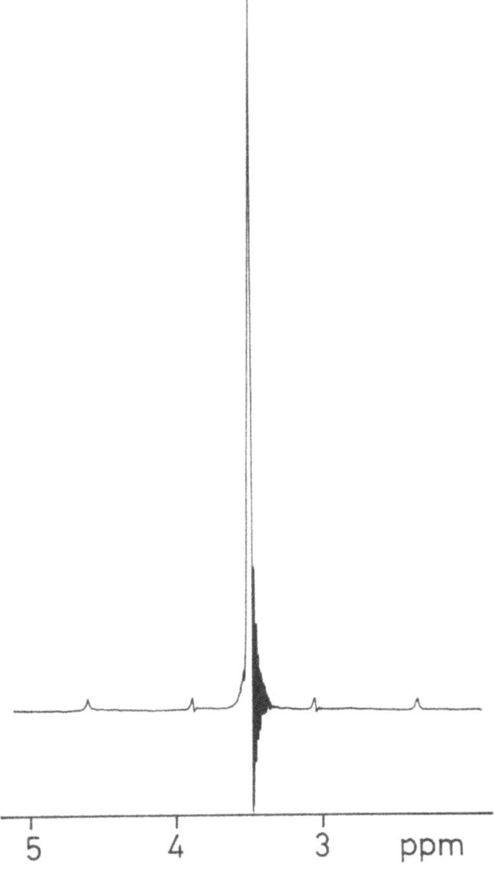

Abb. 24 ^{1}H-Kernresonanzspektrum von neo-Pentasilan

Als Beispiele der vorstehend beschriebenen Reaktionsschritte, deren Produkte gleichzeitig als ein weiterer Konstitutionsbeweis der Struktur höherer Silylanionen anzusehen sind, zeigen die Abbildungen 22, 23 und 24 die Kernresonanzspektren von Phenyl-neo-Pentasilan, Brom-neo-Pentasilan und neo-Pentasilan. Die kernresonanzspektroskopischen Daten der übrigen Silane und Silanderivate werden in Tabelle 9 mitgeteilt.

Tab. 9

Zusammenstellung der Werte aus den
Kernresonanzspektren

Silan	$Si\underline{H}_3$-SiH_2-	$Si\underline{H}_3$-$SiH=$ / $Si\underline{H}_3$-$Si\equiv$	$SiH\equiv$	C_6H_5-$Si\underline{H}_2$- / Br-$Si\underline{H}_2$-
	ppm	ppm	ppm	ppm
1-Phenyl-i-Tetrasilan		Dublett 3,36	Multiplett 2,92	Dublett 4,52
Phenyl-neo-Pentasilan		Singulett 3,47		Singulett 4,61
1-Phenyl-neo-Hexasilan	Multiplett 3,31	Singulett 3,50		Singulett 4,60
1-Brom-i-Tetrasilan		Dublett 3,34	Multiplett 2,97	Dublett 4,23
Brom-neo-Pentasilan		Singulett 3,45		Singulett 4,37
1-Brom-neo-Hexasilan	Multiplett 3,32	Singulett 3,46		Singulett 4,50
neo-Pentasilan		Singulett 3,48		
neo-Hexasilan	Multiplett 3,36	Singulett 3,49		

Die Absorptionen der Phenylgruppe erscheinen als Multiplett
bei 7,0 bis 7,6 ppm. Die vicinalen Kopplungskonstanten betragen 3,7 Hz.
Aus der Vielzahl möglicher Umsetzungen, in denen höhere
Silylanionen aufgrund ihrer besonders großen Reaktivität
eingesetzt werden können, ist die hier erwähnte Reaktion
mit Phenylchlorsilan nur ein Beispiel.

Die große Variationsbreite in der Auswahl der Reaktionspartner, u.a. organische Halogen- und Carbonylverbindungen,
eröffnet der Chemie der Derivate höherer Silane ein so weites
Feld, daß wir unsere Arbeiten auf diesem Gebiet auch in
Zukunft intensiv fortführen wollen.

G)   Synthese von Cyclopentasilan (21)

Während die vorstehend beschriebenen präparativen Umsetzungen
auf den zuvor dargestellten Silanvorräten aufbauen, geht die
Synthese des Cyclopentasilans von dem leicht erhältlichen
Diphenyldichlorsilan aus, aus dem durch Reaktion mit Metallen
kettenförmige und cyclische Phenylsilane erhalten werden
können (22). Eines dieser Produkte, das Decaphenylcyclopenta-
silan, diente uns als Ausgangssubstanz der Synthese von Cyclopentasilan. Nach der Reaktion (20)

$$Si_5(C_6H_5)_{10} \quad + \quad 10\ HBr \quad \longrightarrow \quad Si_5Br_{10} \quad + \quad 10\ C_6H_6 \ ,$$

die nur bei Umsetzung in einem Bombenrohr zu guten Ausbeuten
führte, erhielten wir zunächst das Decabromcyclopentasilan,
das anschließend mit einer besonders reinen Lösung von Lithium-
aluminiumhydrid in Diäthyläther zum Cyclopentasilan hydriert
wurde. Abbildung 25 zeigt das Kernresonanzspektrum des Cyclopentasilans (Singulett 3,32 ppm).

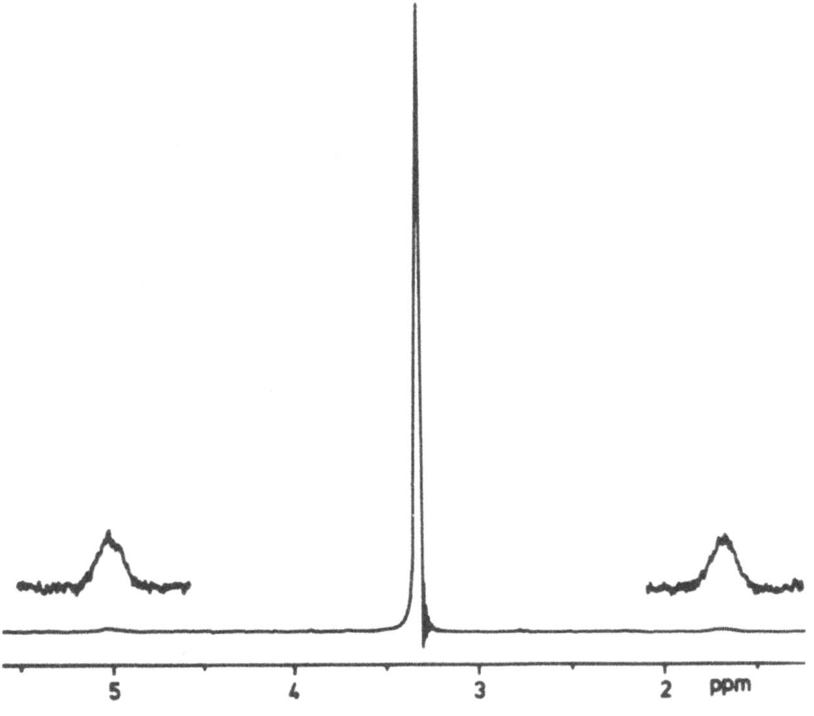

Abb. 25 [1]H-Kernresonanzspektrum von Cyclopentasilan

Wie unsere vorstehend zusammenfassend beschriebenen Untersuchungen zur Synthese und zur insbesondere kernresonanzspektroskopischen Charakterisierung höherer Silane zeigen, haben wir durch die Isolierung einer größeren Anzahl höherer Silane aus dem "Rohsilan" und durch die gezielte Synthese darin nicht enthaltener Silane wesentliche Lücken unserer Kenntnis dieser Substanzklasse schließen können. Daneben haben wir uns ebenfalls intensiv mit der Darstellung substituierter Derivate von höheren Silanen befaßt. U. a. konnten wir neue Phenylsilane, Alkylsilane, Alkoxysilane, Halogensilane sowie schwefelhaltige Silanderivate auffinden, die als wichtige Reagenzien bei weiteren Synthesen höherer Silane dienen können.

Wir beabsichtigen, unsere bisherigen Arbeiten im Hinblick auf weitere Synthesemöglichkeiten, auf die vollständige Erfassung physikalischer Daten und auf eine ausgedehnte spektroskopische Untersuchung in der z. T. im Text bereits angedeuteten Weise fortzusetzen. Gleichzeitig wollen wir uns verstärkt der Bearbeitung bisher unbekannter Silanderivate, z. B. höherer Silyläther, widmen, die wegen ihrer höheren Molekulargewichte neue Trennverfahren erfordern. Wir denken hierbei besonders an eine Anwendung der Hochdruck-Flüssigkeits-Chromatographie. Wir haben inzwischen ebenfalls mit der physikalisch-chemischen Untersuchung von Reaktionsmechanismen u. a. der basenkatalysierten Polykondensation begonnen und wollen auch dieses, sehr stark von präparativen und analytischen Aspekten beeinflußte Gebiet, in Zukunft fortführen.

Literatur

(1)   A. STOCK, P. STIEBELER und F. ZEIDLER,
      Ber. dtsch. chem. Ges. 56, 1695 (1923)

(2)   F. FEHÉR, G. KUHLBÖRSCH und H. LUHLEICH,
      Z. anorg. allg. Chem. 303, 283 (1960)

(3)   P. HÄDICKE, Dissertation Köln 1973

(4)   D. SKRODZKI, Dissertation Köln 1974

(5)   R. FREUND, Dissertation Köln 1973

(6)   I. FISCHER, Dissertation Köln 1976

(7)   H. FRITZE, Dissertation Köln 1976

(8)   E. HENGGE und G. BAUER,
      Monatsh. $\underline{106}$, 503 (1975)

(9)   F. FEHÉR, D. SCHINKITZ und J. SCHAAF,
      Z. anorg. allg. Chem. $\underline{383}$, 303 (1971)

(10) F. FEHÉR, D. SCHINKITZ, V. LWOWSKI und
      A. OBERTHÜR, Z. anorg. allg. Chem. $\underline{384}$, 231 (1971)

(11) H. FRINGS, Dissertation Köln 1972

(12) F. FEHÉR, P. HÄDICKE und H. FRINGS,
      Inorg. nucl. chem. Letters $\underline{9}$, 931 (1973)

(13) R. GUILLERY, Dissertation Köln 1969

(14) F. FEHÉR, G. KUHLBÖRSCH und H. LUHLEICH,
      Z. Naturforsch. $\underline{14b}$, 466 (1959)

(15) F. FEHÉR, G. KUHLBÖRSCH und H. LUHLEICH,
      Z. anorg. allg. Chem. $\underline{303}$, 294 (1960)

(16) F. FEHÉR, I. FISCHER,
      Z. anorg. allg. Chem. im Druck

(17) F. FEHÉR, R. FREUND,
      Inorg. nucl. chem. Letters $\underline{9}$, 937 (1973)

(18) F. FEHÉR, R. FREUND,
      Inorg. nucl. chem. Letters $\underline{10}$, 561 (1974)

(19) M. A. RING, D. M. RITTER,
      J. Am. Chem. Soc. $\underline{83}$, 802 (1961)

(20) G. FRITZ und H. KUMMER,
      Z. anorg. allg. Chem. $\underline{306}$, 194 (1960)

(21) W. GÜNTER, Dissertation Köln 1976

(22) H. GILMAN, G. L. SCHWEBKE,
      J. Am. Chem. Soc. $\underline{85}$, 1016 (1963)

(23) NENITZESCU, CHICOS,
      Ber. dtsch. chem. Ges. $\underline{68}$, 1584 (1935)

(24) F. FEHÉR, P. PLICHTA, R. GUILLERY,
      Tetrahedron Letters $\underline{33}$, 2889 (1970)

FORSCHUNGSBERICHTE
des Landes Nordrhein-Westfalen

Herausgegeben
im Auftrage des Ministerpräsidenten Heinz Kühn
vom Minister für Wissenschaft und Forschung Johannes Rau

Die »Forschungsberichte des Landes Nordrhein-Westfalen« sind in
zwölf Fachgruppen gegliedert:

Wirtschafts- und Sozialwissenschaften
Verkehr
Energie
Medizin/Biologie
Physik/Mathematik
Chemie
Elektrotechnik/Optik
Maschinenbau/Verfahrenstechnik
Hüttenwesen/Werkstoffkunde
Metallverarb. Industrie
Bau/Steine/Erden
Textilforschung

Die Neuerscheinungen in einer Fachgruppe können im Abonnement
zum ermäßigten Serienpreis bezogen werden. Sie verpflichten sich durch
das Abonnement einer Fachgruppe nicht zur Abnahme einer
bestimmten Anzahl Neuerscheinungen, da Sie jeweils unter Einhaltung
einer Frist von 4 Wochen kündigen können.

WESTDEUTSCHER VERLAG
5090 Leverkusen 3 · Postfach 300 620

GPSR Compliance
The European Union's (EU) General Product Safety Regulation (GPSR) is a set
of rules that requires consumer products to be safe and our obligations to
ensure this.

If you have any concerns about our products, you can contact us on

ProductSafety@springernature.com

In case Publisher is established outside the EU, the EU authorized
representative is:

Springer Nature Customer Service Center GmbH
Europaplatz 3
69115 Heidelberg, Germany